I0032168

ISBN: 978-91-985174-4-6

Ät upp!

Hej!

Den här lilla boken handlar om **hur du spar det du har: din mat och vår planet**. Här har jag samlat femtio tips på vad du kan göra med mat som blir över. Och även några recept på vad du kan göra med matrester. Det sparar miljö och det sparar pengar.

Du kan också låta bli att äta ute, göra storköp och storkok och sådant, men det kommer inte den här boken att handla om. Den handlar bara om din mat. I ditt kök!

Vi slänger alldeles för mycket mat. Men hur ska vi göra för att ändra våra vanor och bli bättre på att spara? För mig har det blivit en sport att slänga så lite som möjligt. Och med det följer kreativteten på hur man kan blanda, spara och ta till vara: för samtidigt ska det vara gott och det ska inte kännas som en uppoffring att äta av samma mat i tre dagar. Det behöver det inte vara med lite kreativitet.

Jordens resurser är ändliga och priserna på mat stiger. Tänk, vi slänger upp till en tredjedel av det vi köpt hem och borde ätit och matutgifterna utgör tjugofem procent av utgifterna i vardagsekonomin. Det betyder att om du använde mer av maten du köpt hem, så skulle du faktiskt kunna arbeta mindre eller göra något annat för pengarna som blir över.

Så gör som mattanten i skolmatsalen brukade göra när hon blåst i sin visselpipa för att få oss barn på 1980-talet att lyssna för att säga: **ät upp**!

Caroline Salde

#01.

Bäst före ≠ giftig efter

Vi börjar med en väldigt enkel regel:

Lita inte blint på "BÄST FÖRE"-datum. Det betyder inte "GIFTIG EFTER". Däremot ska man inte äta mat som till exempel kycklingfilé där "SISTA FÖRBRUKNINGSDAG" har passerat.

Lukta på det och rör om lite och smaka kanske lite, lite, så märker du om det går att äta. Låt det sunda förnuftet jobba och tänk på rötmånaden under sommaren!

#02.

Restpåse i frysen

Ha en liten skål framme när du lagar mat där du kan lägga matrester såsom morotspetsen, paprikatoppen eller lök-botten, som ju går att använda.

Lägg sen resterna i en fryspåse som du fyller på allt eftersom. I påsen kan du också lägga grönsaker som håller på att bli gamla innan du hinner använda dem.

När du ska göra soppa nästa gång, tar du fram påsen och kokar godaste fonden på grönsakerna. Det blir snabbt en vana!

#03.

Smaksatt olja

Klipp ned de sista stjälkarna från färska mataffärsörter och lägg dem i en flaska med en god olivolja och du får en fin hemmagjord smaksatt dressing.

Släng också i lite:
- pressad vitlök och rosépeppar
- dijonsenap och kapris
- en färsk hackad chilipeppar
- finhackad charlottenlök och ingefära
- rivet skal från en ekologisk citron
- eller alltihop ovan!

Se till att inga ingredienser sticker upp ur oljan: då kan de mögla och det gillar vi inte!

OLIO
di
olivio

Basilikaolja

med rosépeppar

#04.

Färdig dressing

Spara spadet från inläggningar som till exempel cornichons och soltorkade tomater i olja och använd i dressing.

Kolla dock i innehållsförteckningen på burken för att se om det finns några E-nummer i oljan eller spadet som du vill - och framför allt inte vill - blanda i din dressing.

På Livsmedelsverkets webbplats kan man söka på vad ett E-nummer egentligen är för slags substanser, som att E 330 = citronsyra och att E 252 = kaliumnitrat som är samma sak som salpeter.

#05.

Frysa örter

Man kan frysa in örter som är på väg att vissna. Lägg ett blad i varje fack i en islådan och fyll på med vatten och frys in. Det blir extra fina isbitar till drinken.

Det är också snyggt att frysa in färska bär i iskuber. Eller varför inte både blad och bär?

Förslag:
• Jordgubbar till saften
• Vinbär till bålet
• Lingon till vargtass
• Blåbär till mojito
• Limeblad till Caipirinha

#06.

Satsa på örtfonder

Växter odlar man i ljusa och varma växthus, inte i mörka och kalla kylskåp. Så innan mataffärsörterna slokar, kan du klippa ned dem och lägga dem i en påse eller låda i frysen.

Banka gärna till stjälkarna lite försiktigt med knivens platta mot skärbrädan när du ska använda dem så att de krossas: då får de större yta att lämna ifrån sig sin goda smak från.

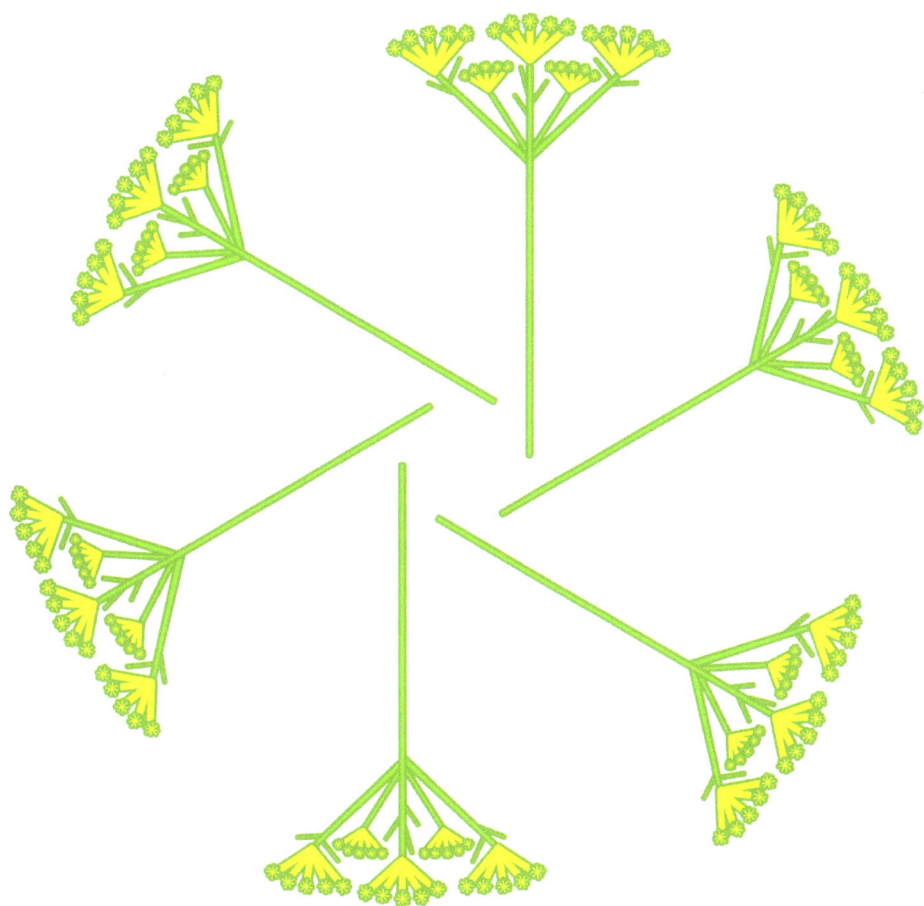

#07.

Kräftfond

Koka kräftfond av kräftskal och frys in till nästa bjudning.

Ingredienser
kräftskalsrester
1 st fondpåse från frysen eller lite olika
  grönsaker som morötter, palsternacka
  och rotselleri
2 gula lökar
3 msk olja
1-2 klyftor vitlök
10 pepparkorn
timjan och lagerblad
1 msk tomatpuré
vatten och gärna en skvätt vitt vin, så det täcker

Låt koka i minst 20 minuter, skumma av, sila och kyl ned och frys in om det inte ska användas direkt.

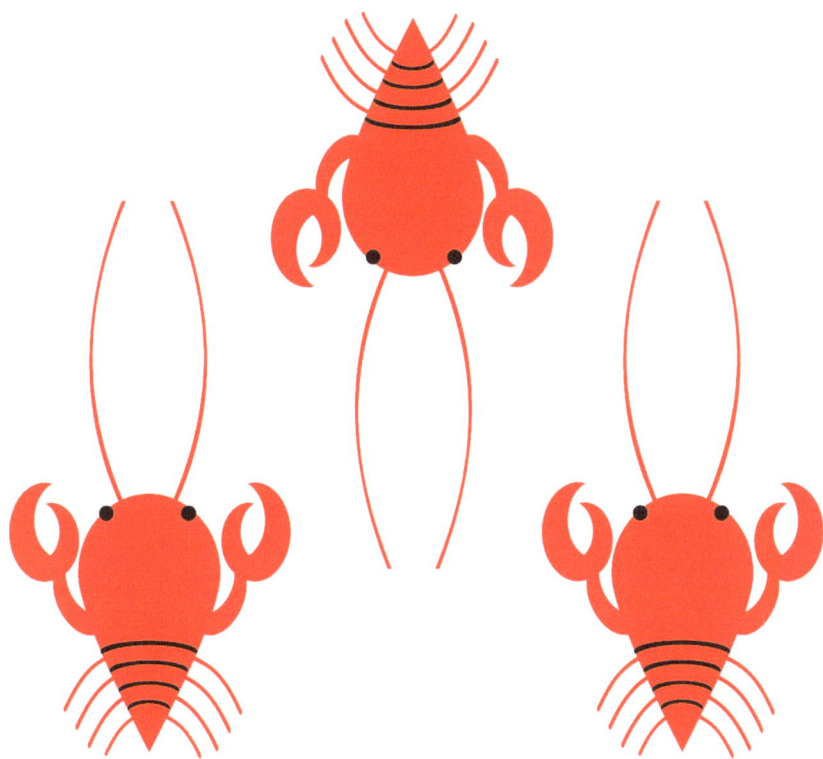

#08.

Spara fondresterna

När du kokat fond, kan du antingen...

...göra dipp av grönsakerna som kokats genom att mixa dem och krydda lite med salt och peppar. Ful färg, men smakar väldigt gott.

...eller bjud det välkokta köttet och grönsakerna på din katt eller hund. Ta bort benen innan du serverar!

#09.

Inget dubbeldippande

Att dubbeldippa är förbjudet - även när ingen ser!

Provsmaka inte peston två gånger med samma sked: enzymet amylas i saliven bryter ned maten.

Även mikroorganismer i form av bakterier, virus, mögelsvampar och parasiter kan göra dig sjuk. Så lukta, använd sunt förnuft och hetta upp ordentligt.

#10.

Sista droppen

För att få ut mer ur flaskor med trög-
flytande innehåll som fond och chilisås
genom att hälla i några matskedar
vatten i flaskan skaka om och häll ned
i grytan.

Du kan också hälla en skvätt vatten i
konservburkar för att få ut allt det goda.

Skaka gärna både flaskor och burkar
innan du öppnar dem och häller ut
    innehållet ur dem, så att det blan-
das väl som till exempel kokosgrädde.
Det blir lättare att hälla ut allt då.

DING DONG

#11.

Sill

Om det blir lite stekt sill över, kan man antigen äta den på kvällsmackan eller lägga in den i en klassisk lag:

Inlagd sill
0,75 dl ättiksprit
3 dl vatten
0,5 dl socker
5 hela kryddpeppar
2 lagerblad
1-2 lökar, gul eller röd, välj själv

Hacka eller skiva löken.
Blanda ättika, vatten, socker och peppar
i en kastrull, koka upp och låt svalna.
Lägg sill, lök och kryddor i en glasburk.
Häll lagen över sillen och löken.
Låt stå i ett dygn innan du äter!

#12.

Husdjursmat

Spara rester från tallrikarna till katten, hunden eller andra husdjur.

Kolla gärna vilken sorts mat man inte bör ge till sina husdjur, som till exempel spenat, spenat, russin, avokado, lök och rabarber till katter eller choklad till hundar. En del gillar variation från torrmat, andra husdjur är mer enkel-spåriga!

Han till höger här äter gärna hallon direkt från plantan.

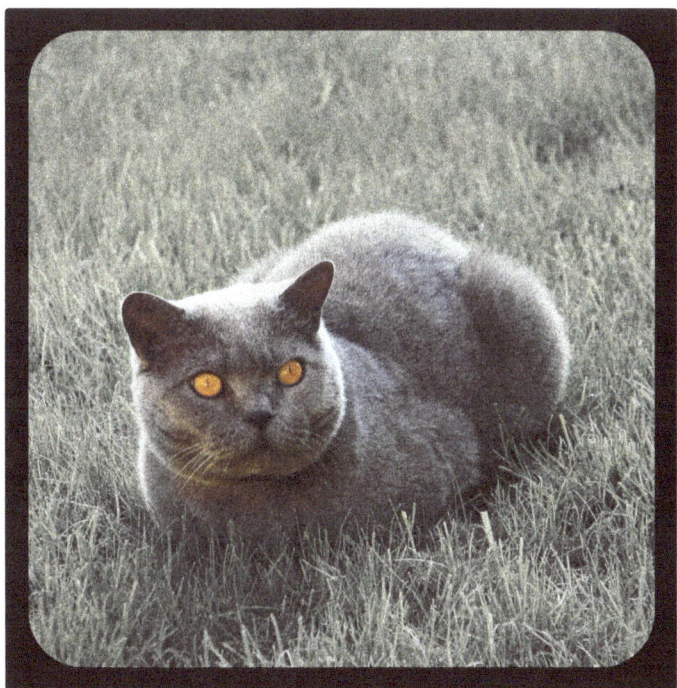

#13.

Ta tuben

Använd kavel för att få ut det sista ur tuber med:

- kaviar
- majonäs
- tomatpuré
- pepparrot
- mjukost
- skinkost

- räkost
- baconost
- kräftost
- champinjonost
- ädelost
- skaldjursost

Eller rulla tuben riktigt ordentligt från början som man ju bör!

#14.

Läskslatten

När kalaset är slut står det två-tre PET-flaskor med någon deciliter läsk på botten som ingen vill ha - förutom barnen som inte får den. Frys in läsken. Skaka först flaskan så att så mycket som möjligt av kolsyran försvinner: den gör isen instabil och bräcklig. Frys in det i istärningslådor.

Om du inte skakar den blir det som slush, som i och för sig också kan vara trevligt att blanda dricka med! Det går lika bra att frysa in de flesta juicer också. Använd en kniv för att få ut dem ur islådan: juiceisbitar är lite trögare än vanliga isbitar att få ut.

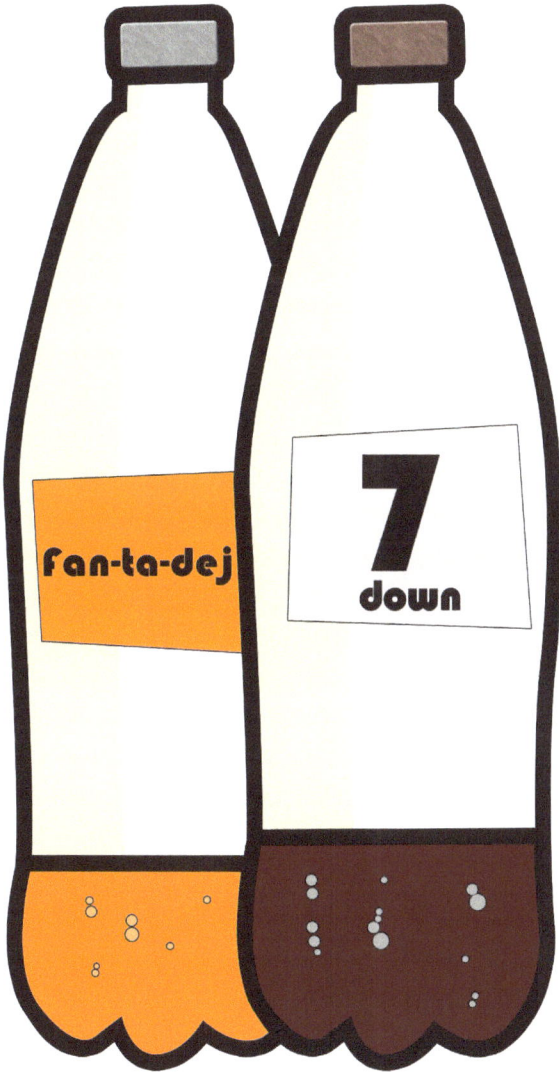

Fan-ta-dej

7 down

#15.

Såsslatten

Frys in överbliven sås i isärningar. Använd som buljong i grytor och soppor eller såser. Det blir bra smaksättare till mycket, men glöm inte att skriva en lapp på lådan med vad du frusit in!

- Brunsås
- Currysås
- Gräddsås
- Rödvinsås
- Sötsur sås
- Pepparsås
- Rullstensås
- Ädelsostsås
- Kantarellsås
- Béarnaisesås
- Hollandaisesås

#16.

Vinslatten

Lite vin kvar i flaskan? Frys in vin-slattar till såser i mindre lådor, men inte i vanliga små iskuber för en enda liten iskub vin ger inte mycket smak.

Och det går lika bra med champagne! Om det nu emot förmodan skulle bli något över av den.

#17.

Wine-in-a-glass

Öppna lådan, ta ut påsen och klipp upp bag-in-a-box-påsen. Det ger cirka ett halvt glas extra per låda.

En bonus med att öppna lådan är att den blir lättare att källsortera och återvinna.

Chateau
nøf-nøf si-eau-så

#18.

Öl i chilin

Orkade du inte dricka upp hela ölen? Frys in det som blev över och använd det i nästa chili con carne. Låt flaskan eller burken stå upp i frysen utan kork, så riskerar de inte att spricka. Frys inte in en nästan full flaska eller burk, då rinner det över.

Några intressanta exempel på andra udda ingredienser till chili:

- hjortfärs
- vitkål
- koriander
- falukorv
- majskolvsskivor

- räkor istället för kött
- pumpa
- colaläsk
- ananas

#19.

Iskaffetärningar

Det hetaste man kan dricka en riktigt varm sommardag är en kall islatte. Gott och svalkande. Men efter ett tag kan kaffet bli lite blaskig och utspätt när isen böjat smälta.

Detta kan man råda bot på genom att frysa in påtåren som blivit över i iskuber och sedan använd i islatte en annan dag. När "isen" smälter späds ju inte kaffet ut!

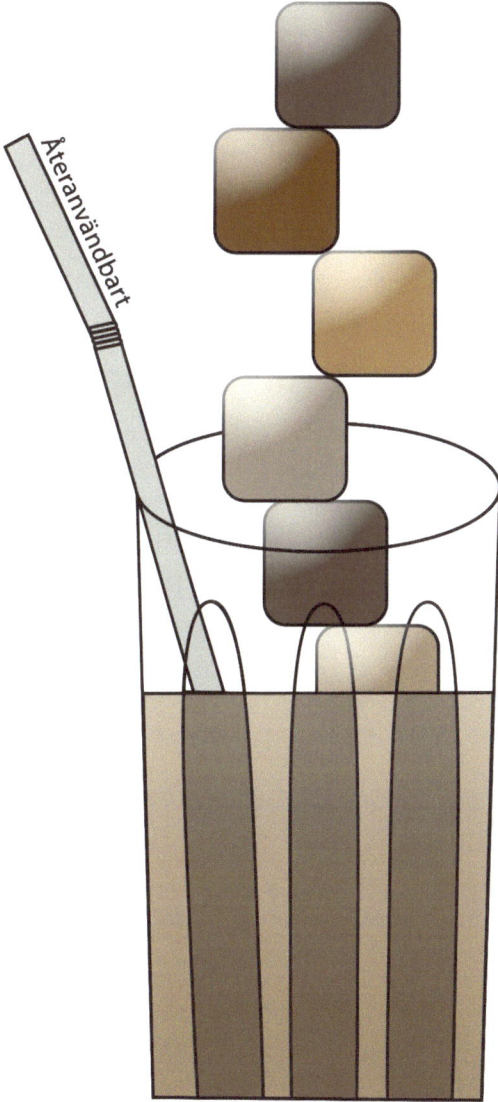

Återanvändbart

#20.

Kaffesump och blad

Spara kaffesumpen och använd i trädgården. Lägg lite sump kring hallonbuskar, rosor, pioner och klematis på våren. Men gör det med måtta, så du inte sumpar miljön, då det har en lätt försurande effekt med högt kväveinnehåll.

Rosbladen kan du sen dekorera kakor och tårtor med. Hallonbladen kan du använda till hallonbladste, det fungerar bra både med färska eller torkade blad.

Kaffesump kan man använda när man bakar, det karaktär åt bakverken. Byt ut 1 dl kaffesump mot 1 dl mängd mjöl eller annan liknande torrvara.

#21.

Äggvitor

Äggvitor går att spara i en kort evighet. De håller flera veckor i kylen med tätt lock och upp till ett år i frysen.

Kom ihåg att ta ut dem i tid från frysen om du ska göra maränger, så att de är rumstempererade - det är lättast att lyckas med dem då!

Man kan också använda extra äggvita när man steker omelett, det ger extra protein till maten.

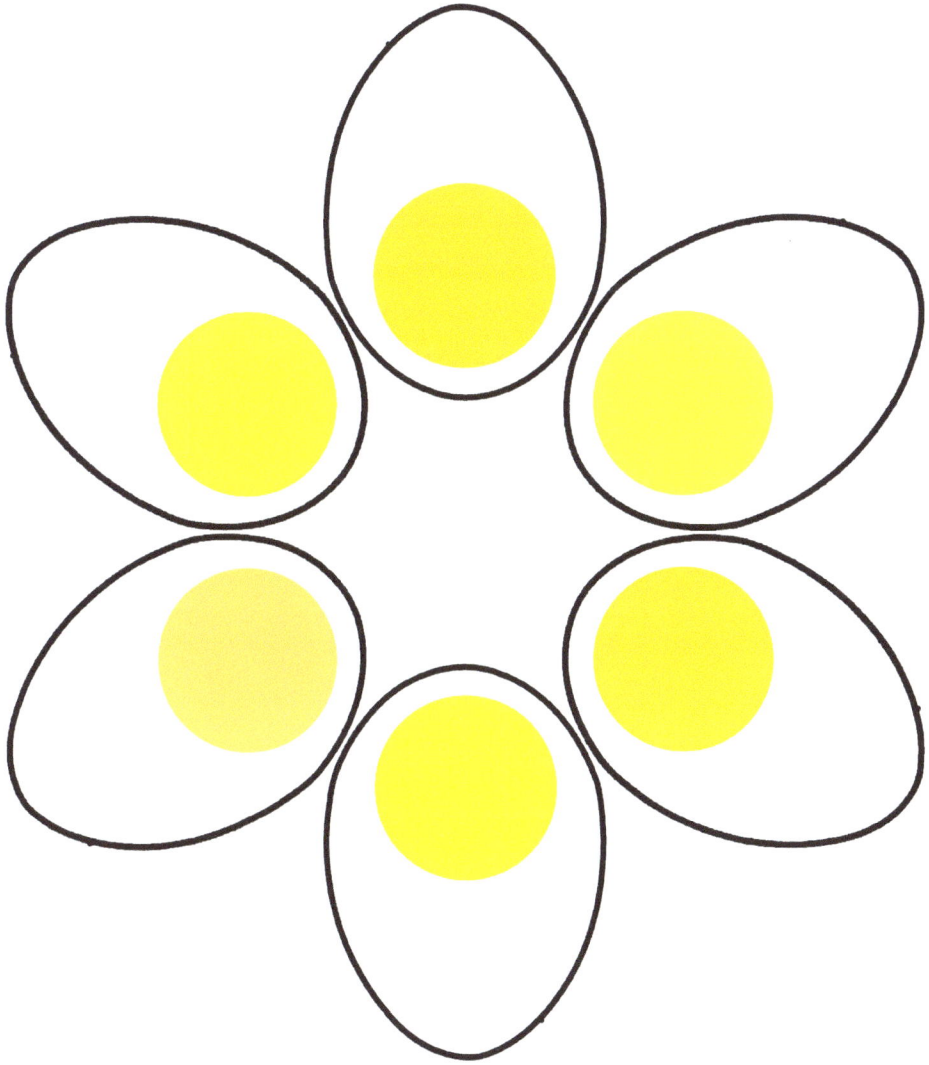

#22.

För många ägg

Om du köpt fler ägg än du känner att du hinner äta upp, kan du göra en enkel och snabb majonäs.

Recept på mixad majonäs:

1 st helt ägg
1 tsk fransk senap
1 tsk vinäger
1 krm salt
nymald peppar
1 dl rapsolja

Lägg alla ingredienser utom oljan i en mixerkanna. Häll i oljan medan du mixar. Det tar inte mer än ett par sekunder så är det klart. Observera att alla ingredienserna ska vara rumstempererade!

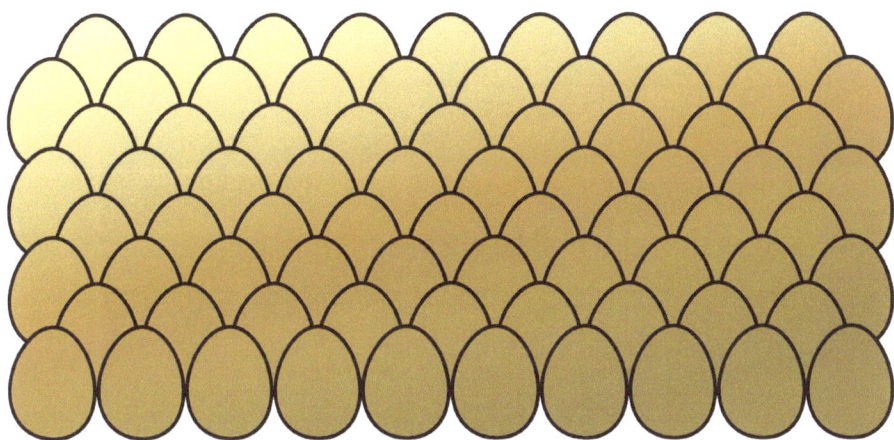

#23.

Frysa in mjölk

Man kan frysa in mjölk. Det kan bildas mjölkisrosor när man fryser in mjölk, men den fungerar att använda till matlagning och bakning när den tinats upp.

Frys även in grädde i iskuber istället för att låta den stå i kylen tills den luktar illa. Man kan inte vispa den, men den gör sig bra i såser.

#24.

Baka med yoghurt

Om yoghurt eller fil håller på att bli sur, kan man:

- göra amerikanska fluffiga pannkakor med den. Man kan använda fil, naturell yoghurt och även smaksatt yoghurt. Det blir som om sylten är inbyggd i pannkakan.

eller

- baka gott bröd med den. Här blir det bäst med naturell fil eller yoghurt.

Recepten följer på de kommande två sidorna.

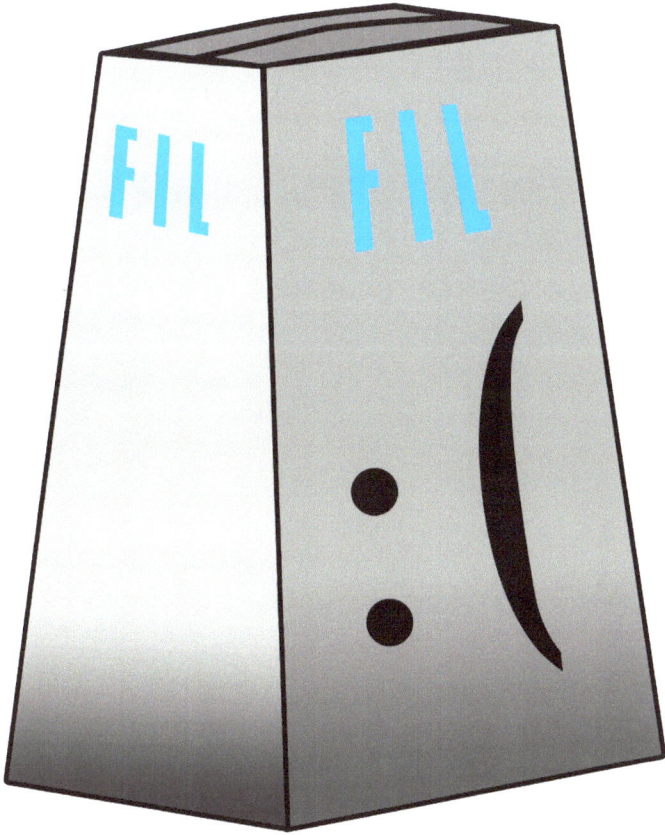

Filpannkakor

2 st ägg
5 dl filmjölk, naturell eller smaksatt yoghurt
5 dl vetemjöl
1 dl socker, t ex strösocker
3 tsk bakpulver
1 msk vaniljsocker
1,5 tsk salt
4 tsk smält smör

Blanda de torra ingredienserna i en skål.
Vispa samman ägg, fil och smör i en
annan skål.
Blanda samman allt och vispa.
Stek decimeterstora pannkakor i smör.

Filbröd

1 liter filmjölk eller yoghurt
2 dl solroskärnor
2 dl vete- eller rågkross
5 dl vetemjöl
5 dl grahamsmjöl
1 dl vetekli
1 dl linfrön
0,25 dl bikarbonat
2,5 dl brödsirap eller mörk sirap
1 tsk salt

Smörj två brödformar. Blanda alla ingredienser och rör om med en slev. Häll smeten i formarna och ställ in i kall ugn. Ställ ugnstemperaturen på 180 grader i cirka 1 timme och 20 minuter.

Enkelt och kladd-, knåd- och jäsfritt!

#25.

Riv ostkanten

Riv ostkanten om den håller på att bli gammal och frys in till gratänger och lasagne.

Frys in i en påse så att du kan lägga den platt: den fryser snabbare och osten fryser inte till en stor klump = då är det lättare att ta ut precis så mycket som man behöver.

Sista parmesankanten går att använda som smaksättare i grytor och ger mustig smak. Glöm inte att plocka upp den innan servering!

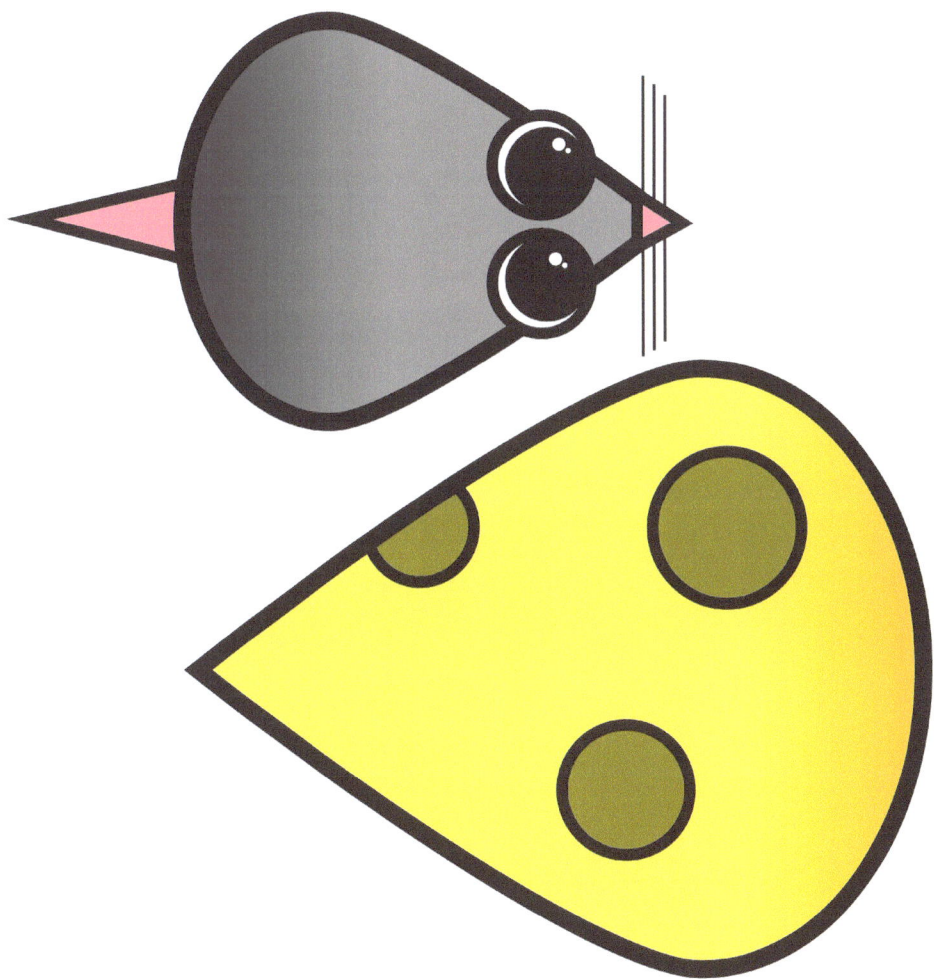

#26.

Kryddsmör

Gör gott kryddsmör av smöret innan det härsknar. Blanda rumstempererat smör med någon av dessa smaker:

- curry
- grönpeppar
- rosépeppar
- vitlök
- rödlök
- persilja
- citronskal
- limesaft
- soltorkade tomater
- kapris
- chutney
- tryffelolja
- ingefära
- en skvätt vinäger
- chili
- ansjovis
- finhackad brynt gul lök
- allsköns örter

På nästa uppslag: ett recept med en riktigt lång ingredienslista: Café de Paris-smör.

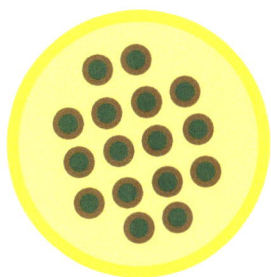

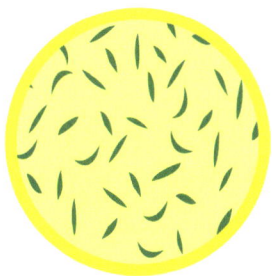
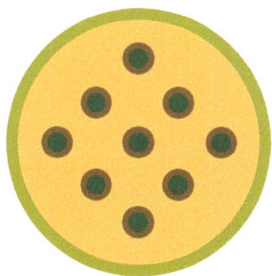

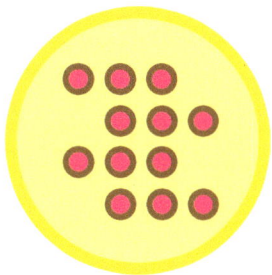

Café de Paris-smör

200 gram smör
1 finhackad
  schalottenlök
1 msk dijonsenap
1 msk tomatpuré
0,5 tsk salvia
2 msk färsk persilja
2 msk färsk gräslök
1 msk färsk salvia
0,5 tsk torkad dragon
2 st sardellfiléer
0,5 msk dragon
1 pressad vitlöksklyfta
0,5 msk citronsaft
1 msk worcestershiresås

1 msk kapris
1 msk madeira
1 msk konjak
1,5 tsk paprikapulver
1 krm nymald svartpeppar
1 krm currypulver
1 krm cayennepeppar
1 tsk salt
1 msk aromat
0,5 tsk curry
1 msk grädde
1 tsk torkad basilika
1 tsk rosmarin
2 tsk barbecuemarinad

Stek löken i lite smör. Vispa smöret vitt. Blanda i alla ingredienser, rör om och lägg i en liten låda så behöver du inte använda smörpapper. Frys in.

#27.

Krutonger

Gör krutonger av det nästan gamla brödet. Stek kuber av torrt bröd i stekpanna utan fett för att få naturella krutonger. Stek med lite fett om du vill att kryddor som torkad dill eller andra örter ska fastna på krutongerna. Lägg i kryddorna mot slutet av steknngen. Förvara det torrt i en fin burk.

Eller riv småbitar av ljus bröd och lägg det i soppor för att få en krämigare konsistens på soppan.

#28.

Torrt bröd

Bröd bakat på fiberhavre, vetekross, full-korn och helvete om det blir gammalt! Gör brödsalladen panzanella istället.

Recept:
1-3 skivor bröd
1 rödlök
1 vitlöksklyfta
4-5 tomater
färska örter och sallad
10-15 kaprisar
2 msk olivolja
saft från 1/2 citron
balsamicovinäger
finsalt & peppar
ev. oliver, sardeller och sånt medelhavsigt

Dela brödet och tomaterna, lägg i en skål med sallad, örter och övriga ingredienser. Häll över citronsaft, vinäger, olja och krydda.

#29.

Kasta inte mackor

Håll koll på brödets bäst-före-datum och frys in i tid. Det låter enkelt, men eller hur så blir bröd mögligt ibland?

Skiva gärna upp brödet och frys in mackorna en och en på en bricka. Stoppa dem sen i en påse, så kan du ta ut mackorna just en och en. Eller två och två. Det är ganska smidigt att plocka ut på morgonen ur frysen och stoppa i brödrosten.

#30.

Knäckebröd

Visste du att du kan mixa torrt bröd till smulor, blanda med brödkryddor och lite vatten till en deg. Degen kavlas sedan ut tunnt och läggs på en plåt och bakas på 125 grader i 20-25 minuter. Då får man eget knäckebröd.

Smulorna som blir kvar kan man lägga i müsliburken = inget spill alls!

Ingredienser:
torrt bröd
brödkryddor
vatten

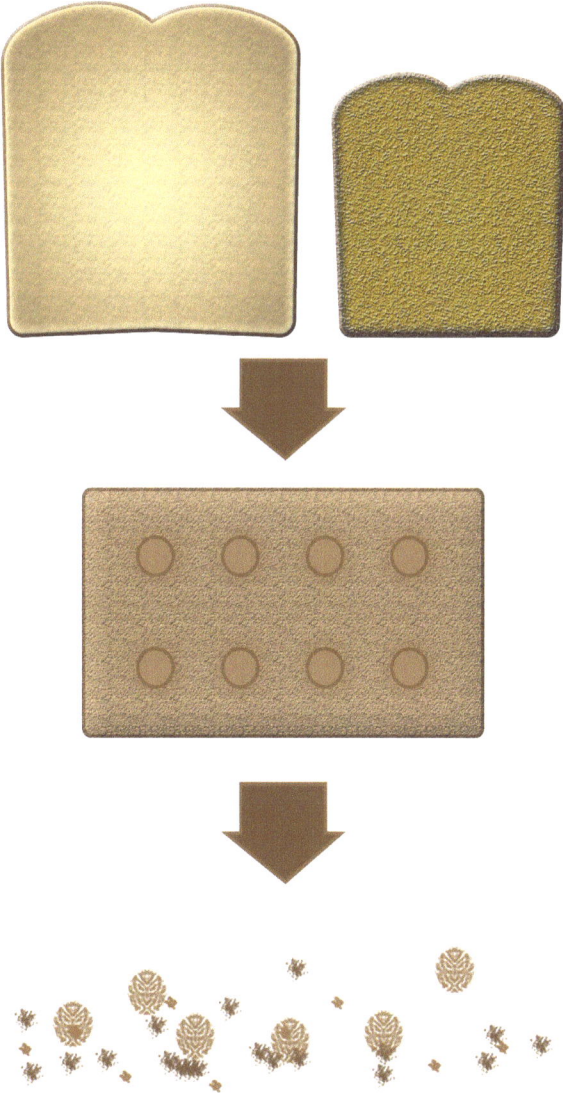

#31.

Städa bort smulor

Har du en sockerkaka som ingen ätit upp? Fortsätt kakkalaset med att göra dammsugare av kakan som är kvar. Det går bra med kakor, vanliga bullar också och även havregryn.

Namnet sägs komma av funktionen som dessa bakverk fyller: att suga upp alla smulor. Namnet sägs också härstamma från hur dammsugare såg ut på 1920-talet, då kakan uppfanns.

Recept på nästa uppslag.

Dammsugare

5 dl kaksmulor
50 g rumsvarmt smör
1,5 msk kakao
50 g smält mörk choklad
1 msk punsch
0,5 tsk arraksarom
0,5 krm salt
300 gram marsipan eller färdigt marsipanlock

Blanda smör och kaksmulor till en smet.
Blanda i kakao och vispa igen. Tillsätt punsch
och arrak. Rulla tre längder och låt dem stå
kallt en stund. Skär marsipanen i remsor som
motsvarar längden på rullarna och smält
chokladen.

Ta ut rullarna och rulla in dem i marsipanen,
skär dem i ca fem centimeter långa bitar och
doppa ändarna i chokladen. Eller gör olika
långa dammsugare och njut av att det inte är
köpekakor. Låt stelna. Njut!

#32.

Bröd-pommes-frites

När man gör snygga snittar eller utflykts-
mackor, kan det se fint ut eller vara
praktiskt att skära bort kanterna. Vad
gör man med kanterna? Jo, de fryser
man in och tar fram nästa gång man
ska göra soppa:

Lägg dem på en plåt.
Ringla olivolja över.
Strö flingsalt och rosmarin över.
Baka i 225 grader i ca 10 minuter.

Perfekt fingerfood att doppa i en mustig
soppa eller i löskokta frukostägg.

#33.

Det suger

Lägg en bit hushållspapper i botten på lådan som du förvarar grönsaker och svamp i: det suger upp fukten och hållbarheten blir längre på maten. Kolla om pappret behöver bytas efter några dagar.

Det här fungerar också bra med en bit parmesanost.

#34.

Broccolistammen

Det är inte bara broccolibuketterna som går att äta, utan hela stammen är ätbar och riktigt god dessutom. Den går att äta som den är rå eller använda i mat kokt eller stekt.

Den är väldigt krispig och tillför en trevlig textur till sallader, skivad i tunna slantar eller råriven.

THE WHOLE BROCCOLI AND NOTHING BUT THE WHOLE BROCCOLI.

#35.

Blomkålsbladen

Precis som med broccolin, så kan man ta till vara på både stammen och även bladen från blomkålen. Stammen kan behöva lite längre tillagningstid, då den ju är grövre och bladen behöver lite kortare tid för att de ju är tunnare.

Blomkål gör sig bra på många sätt: både som traditionellt kokta buketter, som rivet blomkålsris, tunnt skivad i ugnen eller ett helt ugnsbakat huvud.

#36.

Tag vad du haver

Bestäm middag efter vad kylskåpet och skafferiet faktiskt erbjuder och inte vad receptboken med snygga bilder lockar med.

- smörgåsar
- mackor
- baguetter
- snittar
- landgång
- pinchos
- smørrebrød

Kärt bröd har många namn och ännu fler variationer finns det av pålägg.

#37.

1900-frös-ihjäl

Kolla i skafferiet. I hela skafferiet! Även längst in. Använd det som håller på att bli gammalt.

Ibland blir man förvånad över hur gammalt det är som står längst in! Och att det kan smaka ok, även om bäst-före-datum redan är passerat.

Tag för vana att flytta fram saker som snart går ut, så att de står längst fram bland varorna i kylskåpet. Då är det mindre risk att de glöms bort.

#38.

En slags vardagslyx

Om du har mat över från två middagar, kan du göra dig en tvårättersmiddag mitt i veckan med två mindre rätter. Och ändå bli lagom mätt. En slags vardagslyx:

$$
\begin{array}{r}
\text{Förrätt} \\
+ \text{Förrätt} \\
\hline
\text{Helrätt}
\end{array}
$$

#39.

Rester i nya rätter

- Lite bearnaisesås från lördagens middag blir gott till måndagens korv och mos.

- Pizzasalladen med dressing förhöjer morgondagens gryta, använd saxen för att klippa salladen i mindre bitar.

- Pasta, bulgur, couscous, matvete eller hirs i salladen.

- Gör en gratäng eller soppa med rester och kalla den: "Les résidus et les vieux fromage" eller "Zuppa dal grande festa" så låter det ännu godare.

Och framför allt: var inte rädd för att blanda smaker, var kreativ!

#40.

Matlåda

Ett självklart tips, som ändå tål att upprepas: gör matlåda av kvällens middag till lunch dagen därpå.

Köp ordentliga burkar i samma storlek, så att du kan förvara dem lätt, både fulla i frysen och tomma i varandra.

Du kan göra nya kombinationer av gamla rätter genom att lägga överblivet ris i portionslådor, frys in och plocka fram och kombinera med kycklinggryta eller köttbullar.

Sätt en lapp på dörren så att du inte glömmer lådan på morgonen!

#41.

Pasta

När man sparar pasta, brukar den bli en enda stor klump när man tar ut den ur kastrullen i kylen. Skölj den i vatten, bjud den på en åktur i salladsslungan och värm den sen, gärna med en klick smör, så blir den fräsch igen.

#42.

Rötter i is

Om rotfrukterna är lite mjuka, men ser ok ut, kan man lägga dem i kallt vatten en dryg timme för återfådd spänst.

Morotssoppa:
1 st hackad scharlottenlök
2 st "gamla" morötter hackade i småbitar
1 bit riven färsk ingefära efter smak
1 msk smör
1 msk hönsbuljong
3 dl vitt vin + 5 dl vatten
0,5 msk vinäger

Stek morötter och lök i lite smör. Lägg i inge-färan. Häll i vin, hönsbuljong och vatten. Låt koka i en kvart.
Fixa en fördrink så länge.
Mixa soppan och smaka av med salt, pep-par och vinäger. Häll upp i fina små glas och bjud till förförrätt med några grissini. Soppan är även god kall med några isbitar i.

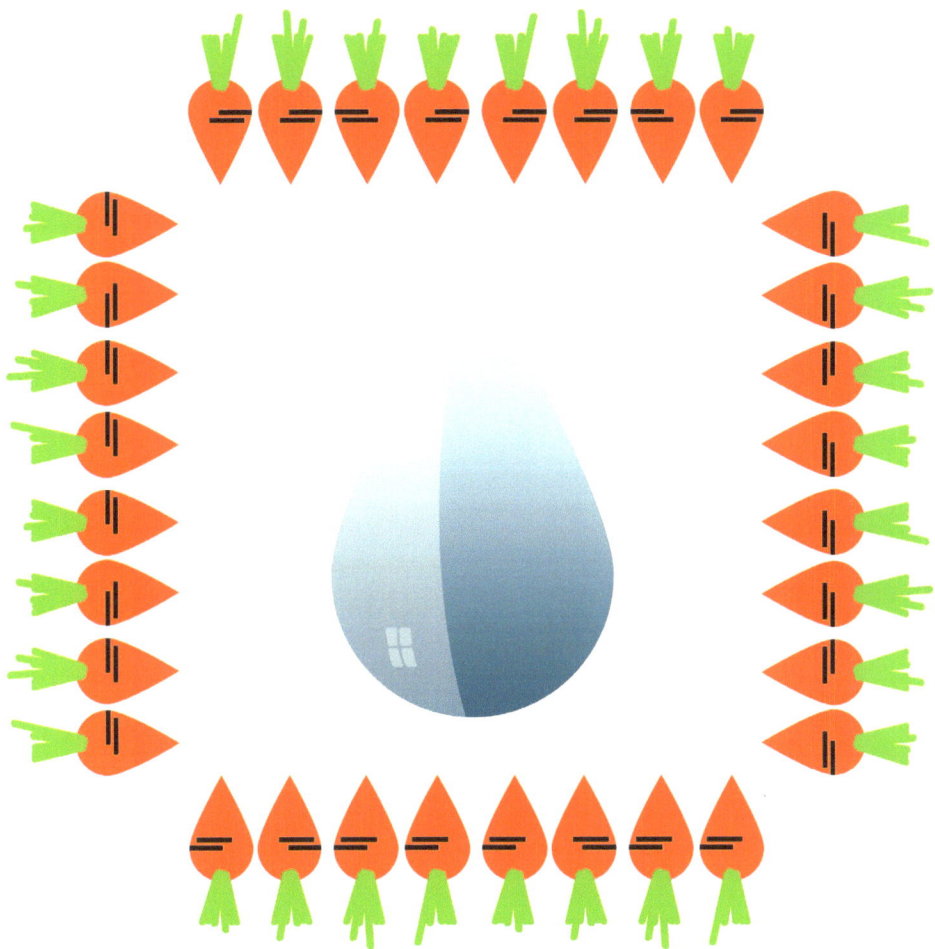

#43.

Äpplen och päron

- Släng äpplet i maten istället för att slänga det i matsoporna!

- Fläskpannkaka får extra sötma med äpplebitar i.

- Päron som får koka med såser och grytor ger en fin sötma.

- Frukt kan användas till mycket i köket, prova dig fram!

#44.

Äppelmos

För många äpplen?

1. Skala, klyfta och dela klyftorna i bitar.
Lägg i en kastrull med lite vatten på
botten och koka i en ungefärlig kvart.
Ta fram potatisstöten och gör mos.
Du kan låta kardemumma, stjärnanis
och/eller kanelstång koka med. Sma-
ka av och sockra eventuellt lite grann.

eller

2. Baka dem i 225 grader i ugnen tills
de börjar spricka, det tar 10-15
minuter. Mixa dem. Sött, gott och
väldigt enkelt!

#45.

Cicelera

Ska du skala en apelsin och allra helst en ekologisk apelsin? Innan du gör det, ta fram ciceleringsjärnet eller ett vanligt rivjärn och cicelera/riv av det yttersta skalet och frys in: så har smaksättning till nästa sockerkaka eller tomatsoppa med apelsin och ingefära.

Något som ser trevligt ut är kanderade apelsinskal på en kaka eller några skal som dekoration——————— i en drink. Recept finns på nästa sida.

"Ciseau" betyder mejsel på franska.

Kanderat apelsinskal

Recept:
2 apelsiner: det tvättade skalet
  (använd gärna ekologiska apelsiner)
1,5 dl socker
2 dl vatten
1,5 msk ljus sirap

Cicelera av skalet och undvik att få med det beska vita. Koka upp skalet i lite vatten och låt koka i fem minuter, byt vatten och upprepa två gånger till. Koka därefter upp socker, vatten och sirap och lägg i skalen. Låt allt koka i cirka en kvart.

Låt det stelna en stund i lagen och lägg sen upp på bakplåtspapper för att stelna helt.

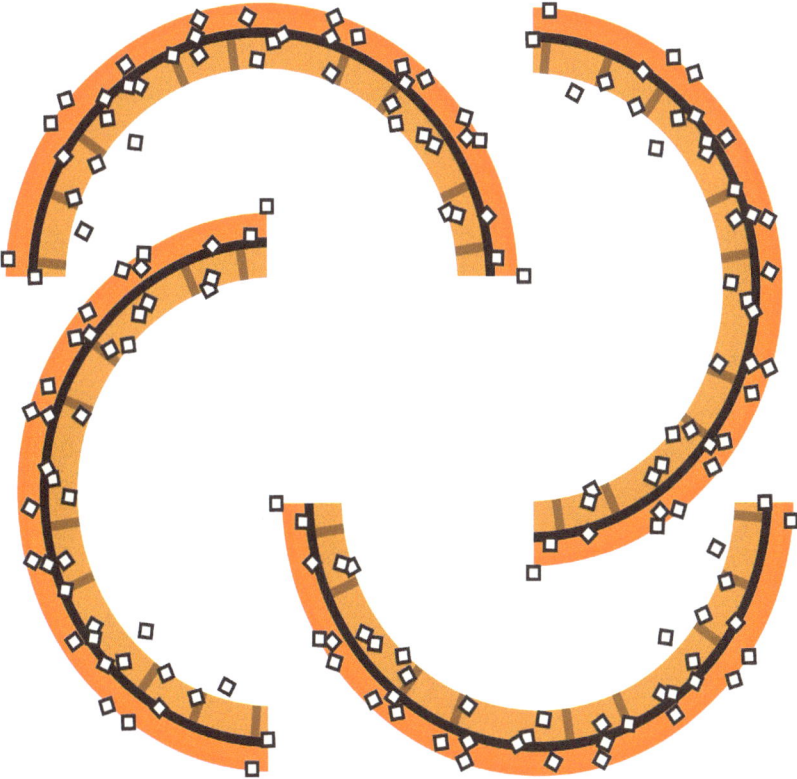

#46.

Fler sura droppar

Värm citron eller lime i micron ett par sekunder, så kan du pressa ut mycket mer saft ur den. Använd en gaffel för att få ut de allra sista dropparna.

#47.

Klassiska potatisbullar

Spara på dina överblivna potatisar. Mosa dem och blanda med vad gott du finner i kylskåpet som skinka, soltorkade tomater, kapris, purjolök eller varför inte rostad lök. Knäck i ett ägg, krydda och forma fina potatisbullar och stek dem på rätt hög värme tills de fått fin yta som håller dem samman. En slags pytt i panna i annat format.

#48.

Tjockare sås

Om du inte tillaga den överblivna potatisen innan den smakar gammalt, frys in den. Plocka sedan fram den när du ska göra sås: lägg den såsen för att få en tjockare sås. Stärkelsens fixar det. Glöm dock inte att ta bort potatisen innan du serverar såsen, om det är Nobelmiddag eller något sådant på gång!

#49.

För salt sås

Lägg en potatis i såsen om du råkat salta för mycket. Potatisen suger åt sig saltet.

Slutsatsen med tanke på förra tipset borde då bli: att om du vill ha tjock sås med en potatis' hjälp, bör du salta mer än vad det står i receptet!

#50.

Potatissallad

Vi äter inte lika mycket potatis som förr. Om det blir potatis över, kan du göra denna gudomligt goda potatissallad, i all sin enkelhet och utan olivolja.

Recept:
kokta kalla potatisar
kokta ägg
riktigt tunnt skivad rödlök
rikligt vitvinsvinäger
salt och peppar

Dela potatis, äggen och rödlök och lägg dem på en serveringsfat. Stänk över rikligt med vinäger och krydda. Njut med grillat kött och något spanskt i glaset.

Tack för maten!